BEI GRIN MACHT SICH IHR WISSEN BEZAHLT

- Wir veröffentlichen Ihre Hausarbeit, Bachelor- und Masterarbeit

- Ihr eigenes eBook und Buch - weltweit in allen wichtigen Shops

- Verdienen Sie an jedem Verkauf

Jetzt bei www.GRIN.com hochladen und kostenlos publizieren

Bibliografische Information der Deutschen Nationalbibliothek:

Die Deutsche Bibliothek verzeichnet diese Publikation in der Deutschen National-
bibliografie; detaillierte bibliografische Daten sind im Internet über http://dnb.d-
nb.de/ abrufbar.

Impressum:

Copyright © 2015 GRIN Verlag, Open Publishing GmbH
Druck und Bindung: Books on Demand GmbH, Norderstedt Germany
ISBN: 978-3-668-12202-4

Dieses Buch bei GRIN:

http://www.grin.com/de/e-book/310953/methoden-zur-strommarktkopplung-in-
europa

Sebastian Tobias Böhmer

Methoden zur Strommarktkopplung in Europa

„Net-Transfer-Capacities-" und „Flow-Based-Verfahren" zur Allokation von grenzüberschreitenden Übertragungskapazitäten

GRIN Verlag

Karlsruher Institut für Technologie (KIT)
Institut für Industriebetriebslehre und Industrielle Produktion
Lehrstuhl für Energiewirtschaft
Seminar Energiewirtschaft V:
Aktuelle Entwicklungen auf den Energiemärkten

Methoden zur Strommarktkopplung in Europa: „Net-Transfer-Capacities"- und „Flow-Based-Verfahren" zur Allokation von grenzüberschreitenden Übertragungskapazitäten

Sebastian Tobias Böhmer

Verfasst im Sommersemester 2015

Inhaltsverzeichnis

Abkürzungsverzeichnis

ACER	Agency for the Cooperation of Energy Regulators
ATC	Available Transfer Capacity
ATCMC	Available Transfer Capacity Market Coupling
BCE	Base Case Exchange
CASC	Central Auction Office for Cross-Border Transmission Capacity for Central Western Europe, the Borders of Italy, Northern Switzerland and Parts of Scandinavia
CB	Critical Branch
CBCO	Critical Branch Critical Outage
CBTC	Cross-Border Transmission Capacity
CGM	Common Grid Model
CR	Congestion Rent
CWE	Central West Europe (Belgien, Deutschland, Frankreich, Luxemburg, Niederlande)
ENTSO-E	European Network of Transmission System Operators for Electricity
D2CF	Two Day Ahead Congestion Forecast
EUPHEMIA	EU Pan-European Hybrid Electricity Market Integration Algorithm
IEM	Internal Electricity Market
ITVC	Interim Tight Volume Coupling
FAV	Final Adjustment Value
FBA	Flow-Based Allocation
FMC	Flow-Based Market Coupling
FRM	Flow Reliability Margin
GSK	Generation Shift Key
LTA	Long Term Allocated Capacity
MC	Market Coupling (auf Basis von NTC)
NTC	Net Transfer Capacity
NTF	Notified Transmission Flows
NWE	North West Europe
PCR	Price Coupling of Regions
PTDF	Power Transfer Distribution Factors
PUN	Prezzo Unico Nazionale
RA	Remedial Action
RAM	Remaining Available Magin
PX	Power Exchange
SoS	Security of Supply
TRM	Transmission Reliability Margin
TSO	Transmission System Operator (siehe ÜNB)
TTC	Total Transfer Capacity
UCTE	Union for the Co-ordination of Transmission of Electricity
ÜNB	Übertragungsnetzbetreiber

Abstract

Für die Liberalisierung und Vereinheitlichung des europäischen Strommarktes wird eine Netzmodellierung benötigt, die den volkswirtschaftlichen Nutzen der bestehenden grenzüberschreitenden Übertragungskapazitäten maximiert. Da die verfügbaren transnationalen Übertragungskapazitäten regelmäßig nicht ausreichen, um vollständige Marktkopplung zu erreichen, werden verschiedene Algorithmen zur Berechnung der wohlfahrtsoptimalen Strompreise und Kapazitätsallokationen verwendet.

Die Algorithmen zur Allokation und Preissetzung auf integrierten Strommärkten mit höheren grenzüberschreitenden Übertragungskapazitäten mussten für genauere Vorhersagen der Lastflüsse weiterentwickelt werden. Dazu werden im Folgenden die Architekturen zum Engpassmanagement basierend auf Net-Transfer-Capacities und Flow-Based Allokationen studiert und ihre volkswirtschaftlichen Wohlfahrtsresultate analysiert. Der Fokus der Untersuchung liegt geografisch in der Region Zentralwesteuropa. Zeitlich ist der Day-Ahead Stromhandel auf Spotmärkten der Schwerpunkt dieser Betrachtung.

Die empirische Untersuchung der Modellierungsergebnisse erfolgt durch die Auswertung von veröffentlichten Datensätzen der Übertragungsnetzbetreiber, Strombörsen und Energiebehörden. Aus Projektberichten und wissenschaftlichen Arbeiten ergeben sich zahlreiche Quellen, die der qualitativen Analyse dienlich sind.

1 Einführung

Die Integration der europäischen Strommärkte ist ein erklärtes politisches Ziel.

Für eine vollständige Marktkopplung und einen gesamteuropäischen Strompreis sind häufig zu wenig grenzüberschreitende Übertragungskapazitäten (CBTC) verfügbar. Ein gutes Engpassmanagement ist entscheidend. Dann sind verfügbaren CBTC unter Berücksichtigung von Sicherheitsanforderungen und der Beibehaltung der Netzstabilität so eingesetzt, dass sie den volkswirtschaftlichen Nutzen maximieren.

1.1 Gründe für die europäische Strommarktkopplung

Es gibt vielfältige Motivationen für einen europäischen Strommarkt.

Zur Stärkung des Wettbewerbes und zur Vorbeugung von monopolistischen Strukturen ist es aus volkswirtschaftlicher Perspektive sinnvoll, die Liberalisierung von Strommärkten zu forcieren. Im Idealfall existiert ein Marktpreis auf dem gesamten Strommarkt.

Die Angleichung von Marktpreisen erhöht die Wohlfahrt. Durch den Ausgleich von Produktions- und Lastspitzen der Teilmärkte über Grenzkuppelstellen wird die Marktliquidität erhöht. Dadurch kann Marktstabilität gewonnen und Preiskonvergenz erzeugt werden.

Um diese Vorteile eines gesamteuropäischen Strommarktes nutzen zu können, wird eine vereinheitlichte Marktmodellierung zur Preisbestimmung und Allokation der Übertragungskapazitäten benötigt.

1.2 Marktkopplung

Das Herz der Marktkopplung[1] (PCR) ist der PCR-Algorithmus.

Für die Berechnung der Auktionen übermitteln die Übertragungsnetzbetreiber ihre verfügbaren Übertragungskapazitäten. Die Strombörsen übergeben die Orderbücher dem PCR-Algorithmus. Nach der Berechnung werden die optimalen Preise und Allokationsergebnisse den Strombörsen und TSO mitgeteilt (siehe Abb. 1).

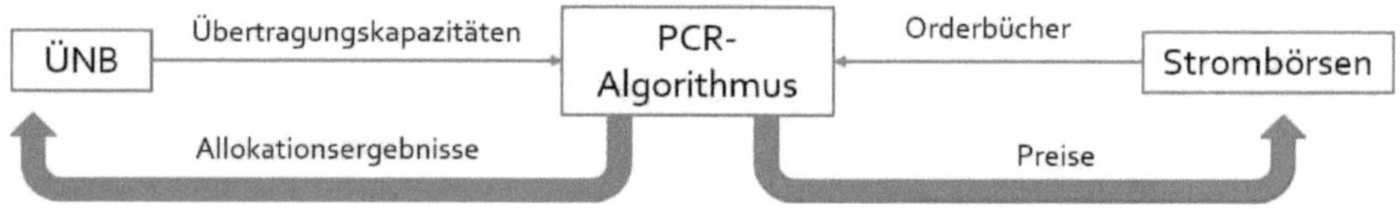

Abbildung 1 Schema zum PCR

1.3 Wohlfahrtsimplikationen der Marktkopplung

Üblicherweise herrschen auf mehreren isolierten Strommärkten aufgrund verschiedener Angebots- und Nachfragesituationen unterschiedliche Preise (siehe Abb. 2). In Teilmarkt 1 mit dem höheren Preis ist der Strom relativ knapp im Vergleich zum Teilmarkt 2 mit einem niedrigeren Marktpreis.

---

[1] Englisch: Price Coupling of Regions.

Durch den Austausch von Strommengen, also die Bereitstellung von marktverbindenden Übertragungskapazitäten, wird Preiskonvergenz erzeugt (siehe Abb. 3).

In dem Beispiel führt die Marktkopplung dazu, dass die Anbieter auf dem Niedrigpreismarkt einen Teil ihres Angebots in den Teilmarkt mit dem höheren Marktpreis exportieren. Im Ergebnis verringert sich die Preisdifferenz. Stünden unbegrenzte Übertragungskapazitäten zur Verfügung, würde sich ein Preis für beide Teilmärkte bilden.

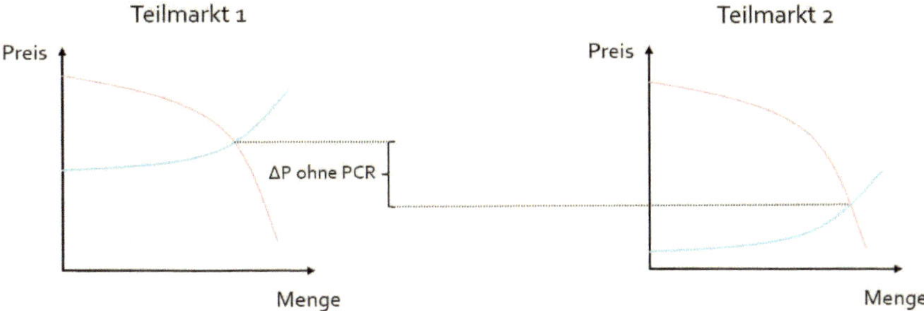

Abbildung 2 Preisdifferenz isolierter Teilmärkte

Mit der Angleichung der Preise steigt auf beiden Märkten die gehandelte Strommenge bei unveränderten Angebots- und Nachfragekurven. In der Folge wächst in beiden Teilmärkten die Gesamtwohlfahrt. Sie setzt sich wie folgt zusammen:

$$R_{gesamt} = R_{Konsumenten} + R_{Produzenten} + Engpasserl\ddot{o}se$$

mit der Konsumentenrente: $R_{Konsumenten}$ und der Produzentenrente: $R_{Produzenten}$.

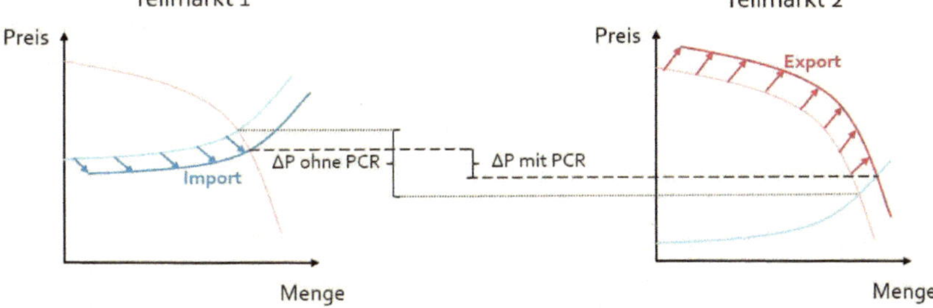

Abbildung 3 Preiskonvergenz durch Marktkopplung

Für die Berechnung des Engpasserlöses für (teil-)gekoppelte Märkte gilt:

$$Engpasserl\ddot{o}se = \ddot{U}bertragungsvolumen * \Delta P$$

mit   Preisdifferenz: ΔP

1.4 Auktionsmechanismen

Es existieren für Strommarktauktionen je nach Zeithorizont oder Marktdesign verschiedene Auktionsmechanismen. Gegenstand dieser Untersuchung sind im Besonderen die Auktionsmodelle von Day-Ahead Auktionen.

Durch Day-Ahead Auktionen wird auf Spotmärkten die Konzentration von Anbietern und Nachfragern zur Preisbestimmung im Zeithorizont von einem Tag erreicht. Ein Preisindex bildet die Auktionsergebnisse ab und erzeugt dadurch Preistransparenz.

Es wird zwischen expliziten und impliziten Auktionen unterschieden.

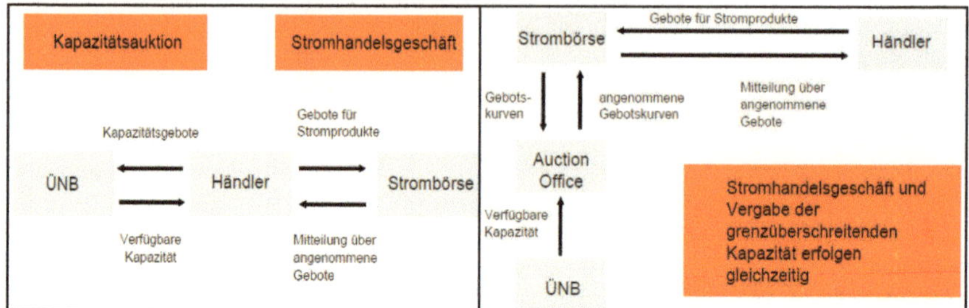

Abbildung 4 Schema Explizite Auktion *Abbildung 5 Schema Implizite Auktion*

Bei expliziten Auktionen werden Gebote auf Übertragungskapazitäten und der Einkauf und Verkauf von Strommengen von Händlern direkt bei den Strombörsen (PX) und ÜNB getätigt (siehe Abb. 4). Die Kapazitätsgebote und Gebote auf Stromprodukte werden in der Regel zeitversetzt abgegeben.[2] Händler verwenden Preisprognosen. Dies kann dazu führen, dass bei abweichenden Preisen Strommengen von Märkten mit hohem Preis einem Niedrigpreisgebiet zugeführt werden. Außerdem bleiben vorhandene Übertragungskapazitäten teilweise ungenutzt.

Damit die Effizienzpotentiale der impliziten Auktionen genutzt werden können, müssen die Spotmärkte, auf denen die Auktionen stattfinden, ausreichend liquide sein. Für diese Auktionsverfahren wird ein Auction Office benötigt, welches die optimale Allokation von Übertragungskapazitäten vornimmt und zeitgleich die angenommenen Gebotskurven ermittelt (siehe Abb. 5).

Einen hybriden Auktionsmechanismus stellt das Open Market Coupling dar. Hier werden zur „Optimierung des grenzüberschreitenden Stromhandels" (Hansen, 2011: 19) Day-Ahead Auktionen als implizite Auktionen durchgeführt und langfristige Versteigerungen per expliziter Auktion durchgeführt.

Für den Aufbau des multilateralen Internal Electricity Market werden implizite Auktionen parallel zur lastflussbasierten Allokationsberechnung (FBA) für die effiziente Nutzung der Übertragungskapazitäten durch eingeführt.

1.5 Aufbau des Internal Electricity Market

Der Aufbau des Internal Electricity Market ist momentan bestimmt von den fehlenden CBTC, die für eine vollständige Marktkopplung im Sinne eines Binnenmarktes erforderlich wären. Das derzeitige europäische Modell einer Teilmarktkopplung mit Zonenpreisen ist von anderen Systemen, z.B. mit Local Marginal Pricing oder von Wholesale Märkten, zu unterscheiden.

---

[2] Vgl. Jullien, C.; Pignon, V.; Robin, S.; Staropoli, C. (2011)

Die Berechnung von bilateralen Net-Tansfer Capacities (NTC) für die Allokation der CBTC führt dazu, dass im hochvernetzten europäischen Verbundsystem die Lastflüsse in Parallelleitungen (siehe Abbildung 6) durch bilaterale Übertragungen nicht modelliert werden. Es wird nur der Lastfluss in direkter Kontraktrichtung kalkuliert und die physikalischen Stromflüsse entsprechend den Kirchhoff'schen Gesetzen auf Parallelleitern innerhalb der Masche, also auf weiteren Interkonnektoren, nicht berücksichtigt.[3]

Die Risiken für die Netzstabilität nehmen wegen der Erhöhung der CBTC zu. Deshalb müssen vermehrt Sicherheitsreserven vorgehalten werden, welche die Übertragungsleistungen verringern und die Ineffizienz erhöhen.

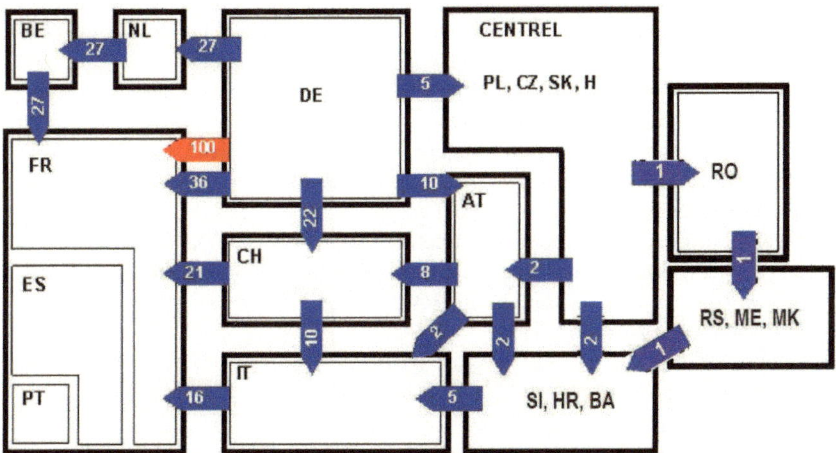

Abbildung 6 Grenzüberschreitende Lastflüsse durch 100 MW Übertragung von Deutschland nach Frankreich

In der obigen Abbildung sind die grenzüberschreitenden Übertragungen beispielhaft angegeben, die bei einer Netto-Übertragung von 100 MW von Deutschland nach Frankreich auf den parallelen Leitungen resultieren.

Es ist offensichtlich, dass das Leitungsnetz durch eine lastflussbasierte Modellierung, die Übertragungen auf parallel verlaufenden Leitungen berücksichtigt, genauer modelliert werden kann. In der Folge sinken die benötigten Sicherheitsreserven und es werden mehr Übertragungskapazitäten verwendet.

---

[3] Vgl. Rious, V.; Dessante, P.: Real gains from flow-based methods for allocating power transmission capacity in Europe, 2009

2 Price Coupling of Regions

2.1 Meilensteine des Price Coupling of Regions in Europa

Mit den politischen Beschlüssen zur Liberalisierung der europäischen Strommärkte Ende der 90er-Jahre wurden die Weichen zu einem gemeinsamen Strommarkt gestellt. Das Price Coupling of Regions in Europa (PCR) soll dafür die notwendige Infrastruktur bereitstellen. Diese Initiative der Strombörsen dient der „transparenten Bestimmung von harmonisierten Day-Ahead-Strompreisen".[4]

Zunächst sollten die europäischen Strommärkte zu wenigen Teilmärkten integriert werden. Das Trilateral Market Coupling (TLC) der Niederlande, Belgien und Frankreich besteht seit dem Jahr 2006.[5]

Weitere Marktkopplungsprojekte, wie das Interim Tight Volume Coupling (ITVC) der CWE Region mit der skandinavischen Strombörse, fanden gemäß den Richtlinien der Europäischen Kommission und den ACER Roadmaps und den ENTSO-E Vorgaben in den folgenden Jahren statt.[6] 2014 konnte das PCR in NWE gestartet werden, sodass seitdem alle Strommärkte derart vereinheitlicht sind, dass nun regelhaft Kapazität ausgetauscht wird.

Um die Wohlfahrtsresultate zu verbessern, ist 2015 in CWE das Flow-Based Market Coupling (FMC) eingeführt worden. Zuvor wurden Simulationen mit verschiedenen Ausgestaltungen des FMC durchgeführt. Dazu wurde die Performance der Algorithmen in der realen Marktsituation von Januar 2013 bis Februar 2014 verglichen.

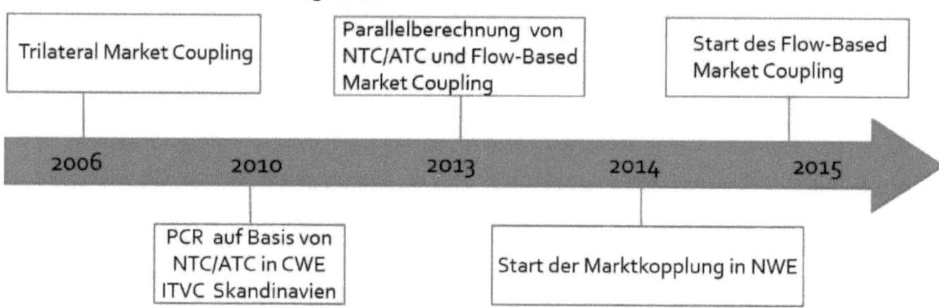

Abbildung 7 Projektmeilensteine des Price Coupling of Regions

Derzeit sind die regionalen Strombörsen in Europa teilweise bereits regional gekoppelt. In der Zukunft sollen überregionale oder sogar paneuropäische Strombörsen (PX) durch die Fusion von regionalen PX entstehen. Deshalb ist die aktuelle Situation lediglich als Vorstadium eines einheitlichen europäischen Strommarktes zu betrachten. Bis dahin müssen regulatorische Beschränkungen abgebaut und größere Cross-Border Transmission Capacities (CBTC) aufgebaut werden, damit die regionalen Marktkopplungsinitiativen in einen europäischen Marktkopplungsmechanismus münden können.

---

[4] EPEXSPOT.com
[5] Vgl. APX, BELPEX, Powernext (2006): *Trilateral Market Coupling Algorithm*
[6] Aktuelle Roadmaps sind unter
www.acer.europa.eu/Electricity/Regional_initiatives/Cross_Regional_Roadmaps einzusehen.

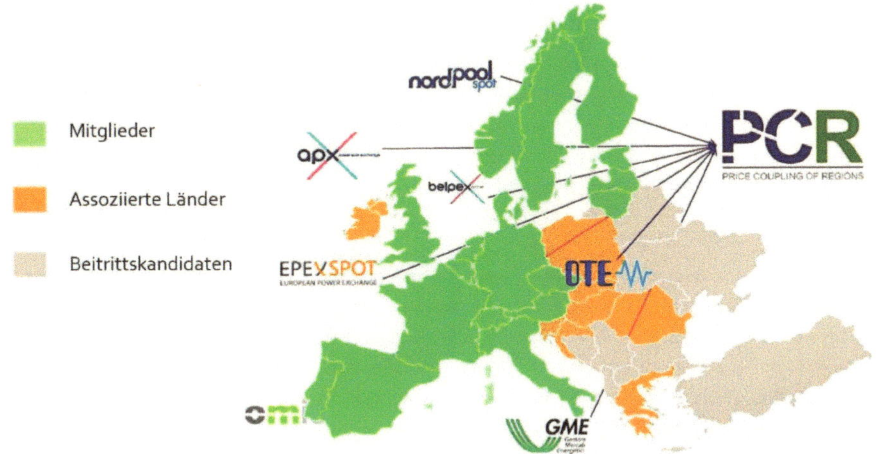

Abbildung 8 Geografischer Raum des PCR in Europa

2.2 Marktkopplung und -integration mit EUPHEMIA

Zur Realisierung der Marktkopplung wird eine Trägerplattform für den PCR-Algorithmus benötigt, die Strompreise und Kapazitätsallokation berechnet (EUPHEMIA Public describtion, 2013).

Der Pan-European Hybrid Electricity Market Integration Algorithm (EUPHEMIA) ist eine solche Plattform, die über Orderausführung oder –ablehnung entscheidet. EUPHEMIA ersetzt die bisherigen Algorithmen (COSMOS, SESAM, SIOM und UPPO), die nicht in der Lage waren, den Day-Ahead Stromhandel unter Einbeziehung aller Restriktionen optimal zu modellieren. Mit Methoden des Operations Research werden die Wohlfahrt, die Preiskonvergenz und die verfügbaren Übertragungskapazitäten maximiert. [7] Die Systeme der TSO und der Spotmärkte auf den Strombörsen sind an EUPHEMIA angebunden. Damit sind die TSO und die PX indirekt marktseitig verbunden. Seit Juli 2012 ist EUPHEMIA implementiert.[8]

2.3 Voraussetzungen für das Price Coupling of Regions

Die Inputdaten für EUPHEMIA enthalten die Orderbücher für das Market Coupling von den europäischen Strombörsen und die Netzmodellierung der TSOs. EUPHEMIA ist für „ATC/NTC"-, „Flow-Based"- und Hybridmodellierung geeignet. Zunächst werden von PXs die Orderbücher übergeben und von den TSOs Angaben über Netzdaten und –topologie gemacht.

EUPHEMIA bestimmt Single Price Areas, die bei Auslastung von bestehenden Übertragungskapazitäten erzeugt werden können. Liegt eine Übertragungsrestriktion vor, kommt es zu einer separaten Preissetzung in dieser Bidding Area.

---

[7] EUPHEMIA ist eine Weiterentwicklung des lokalen Algorithmus COSMOS der für die Strommarktkopplung in Zentralwesteuropa (CWE) implementiert war.
[8] Vgl. EUPHEMIA Public describtion 2013

2.4 Optimierungsschema EUPHEMIA

Zur Lösung des Hauptproblems, des Wohlfahrtsmaximierungsproblems, müssen drei Unterprobleme ganzzahlig gelöst werden.[9] Das „Price Determination Sub-Problem", das „PUN Search Sub-Problem" und das „Volume Indeterminacy Sub-Problem" werden iterativ im Hinblick auf das Hauptproblem optimiert. Die Transaktions- und Übertragungsrestriktionen grenzen die erlaubten Lösungen des Hauptproblems ein.[10]

2.4.1 Price Determination Sub-Problem

Durch das „Price Determination Sub-Problem" wird verifiziert, ob die bestimmten Preise und zugelassenen Order den Transaktionsanforderungen entsprechen. Die Summe aller Nettoexporte muss sich zu null addieren. Außerdem sollte es keine „nicht-intuitiven" Übertragungen geben, bei denen Strom aus einem Hochpreisgebiet in ein Niedrigpreisgebiet exportiert wird. Die erlaubten Lösungen des „Price Determination Sub-Problems" berücksichtigen alle Beschränkungen des PCR außer die Konformität der PUN-Orders.

2.4.2 PUN Search Sub-Problem

Die Order auf Basis des Prezzo Unico Nazionale (PUN), des nationalen Einheitsstrompreises, sind nicht an die Market Clearing Preise der Bidding Zones gebunden, sondern werden in Abhängigkeit von nationalen Einheitspreisen ausgeführt. Der PUN resultiert aus der Gewichtung der nationalen Day-Ahead Stromaustauschpreise.

2.4.3 Volume Indeterminacy Sub-Problem

Wenn das „PUN Search Sub-Problem" einen erlaubten PUN berechnen konnte, wird das „Volume Indeterminacy Sub-problem" gelöst. Die Übertragungsleistungen der Interkonnektoren entsprechend der akzeptieren Orders und ermittelten Preise werden nun berechnet. Hierbei wird aus allen verbliebenen Lösungen eine Lösung nach Auswahlregeln bestimmt.[11] Diese Lösung wird in das Masterproblem eingesetzt, hinsichtlich ihrer Wohlfahrtsoptimalität überprüft und iterativ optimiert.

Wurde das Masterproblem optimal gelöst, gibt EUPHEMIA die ermittelten Preise, die Netto-Übertragungen der Netzknoten und die Übertragungsleistungen der Netzelemente zwischen den Bidding Zones aus. Außerdem wird die Auswahl der akzeptierten Orders ausgegeben (EUPHEMIA Public description, 2013:23).

---

[9] Die mathematische Formulierung der Optimierungsprobleme ist im Dokument EUPHEMIA Public Describtion: Annex B zu finden.

[10] vgl. EUPHEMIA Public Describtion, 2013

[11] Z.B. Sicherheitsrestriktion oder Preisrestriktionen.

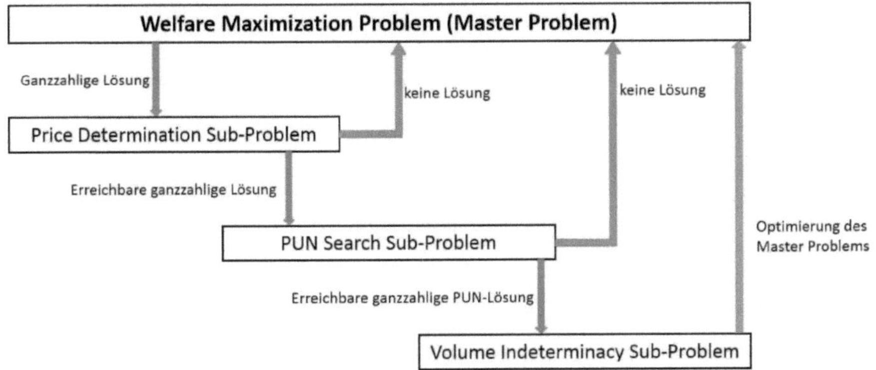

Abbildung 9 Die Optimierungsroutine zur Bestimmung der wohlfahrtsmaximierenden Allokation im PCR

2.5 Modellierungsmöglichkeiten in EUPHEMIA

Für die Simulation der Übertragungsnetze kann EUPHEMIA verschiedene Netzwerkmodelle anwenden.

Das ATC-, das Flow-based-Netzwerkmodell oder das Hybrid-Netzwerkmodell können zur Berechnung des PCR verwendet werden. Im Hybrid-Netzwerkmodell werden einige Bidding Zones durch ATC modelliert und andere per lastflussbasierter Netzmodellierung kalkuliert.[12]

---

[12] Vgl. Euphemia Public Documentation, 2014

3. Strommarktkopplung durch Net-Transfer Capacities

Grundsätzlich sind die Größen, die zur Berechnung der verfügbaren grenzüberschreitenden Übertragungskapazitäten verwendet werden, in zwei verschiedenen Systemen verortet. Die Kontraktvolumina bilden ein System, das von den Größen zur Berechnung der physikalischen Stromflüsse, der Transfervolumina, zu unterscheiden ist. Die charakterisierenden Größen werden im Folgenden definiert.

3.1 Größen zur Berechnung der Kontraktvolumina

3.1.1 Definitionen

Base Case Exchange (BCE): Belegte Übertragungskapazität durch eine bestehende Allokation der Verbindungstrasse zweier Bidding Areas.

ΔE_{max}: Freie Kapazität zur kontinuierlichen Lastübertragung über eine Verbindungstrasse zweier Bidding Areas (Maximal Generation Shift).

Die **Total Transfer Capacity (TTC)** ist definiert als die totale Übertragungskapazität eines Interkonnektors.

Transmission Reliability Margin (TRM): Ist eine Sicherheitsreserve für nicht ausreichend präzise prognostizierbare Systemparameter und den Eintritt von störenden unvorhersehbaren Ereignissen. Außerdem enthält die TRM Kapazitätsreserven für Parallellastflüsse, die aus anderen bilateralen Übertragungen, über die der Übertragungsnetzbetreiber zuvor nicht informiert wurde, resultieren.

Net Transfer Capacity (NTC): Ist die zur Allokation verfügbare Übertragungskapazität einer Verbindungstrasse zweier Bidding Areas.

Available Transfer Capacity (ATC): Freie Übertragungskapazität zwischen zwei Bidding Areas, die für die Allokation genutzt werden kann. Werden NTC und ATC zur Netzmodellierung verwendet, um eine Allokation von grenzüberschreitenden Übertragungskapazitäten zu erhalten, ist es notwendig, diese zu berechnen.

3.1.2 Berechnung bilateraler Kontraktvolumina durch ATC

Zur Berechnung der Übertragungskapazitäten gelten folgende Zusammenhänge:

$$TTC = BCE + \Delta E_{max} = NTC + TRM \text{ [13]}$$

Die Gesamtübertragungskapazität entspricht der Summe aus belegter Übertragungskapazität (BCE) und der Reservekapazität, die zur Allokation von Übertragungen verwendet werden kann. Außerdem gleicht sie auch der Summe aus NTC und TRM.

Nach der Net-Transfer Capacity umgestellt, ergibt sich:

$$NTC = TTC - TRM$$

---

[13] Vgl. ENTSO-E Guideline: NTC Assessment

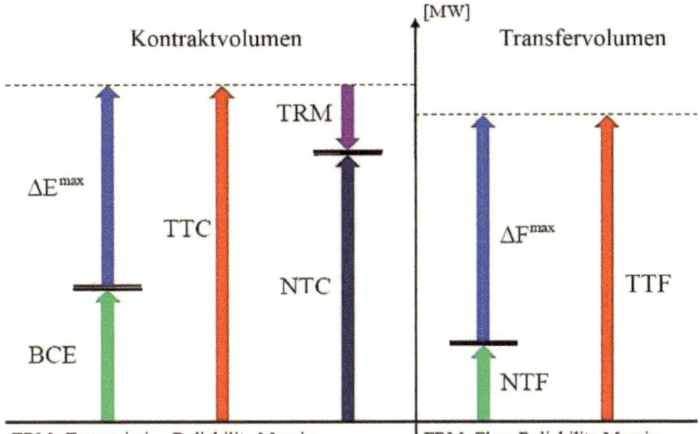

Abbildung 10 Berechnung der Kontrakt- und Transportvolumina

Die TRM setzt sich aus zwei Komponenten zusammen.

1. Die statistischen Abweichungen der Kapazitätsvorhersage von den tatsächlichen Lastflüssen U_r. Um sie zu erhalten, multipliziert man die Standardabweichung σ_r mit einer Sicherheitskonstante K. Also:

$$U_r = K * \sigma_r$$

2. Die Komponente U_e, die eine pauschale Sicherheitsreserve ist und eine Sicherheitsreserve für Notfallzustände beinhaltet.

Unter Maximierung von U_r und U_e ergibt sich als TRM:

$$TRM(\max(U_{r)}, (max(U_e)) = U_r + U_e$$

3.1.3 Größen zur Berechnung der Transfervolumina:

Notified Transfer Flow (NTF): Physische Übertragungsleistung, die bereits durch andere Kapazitätsallokationen einer Verbindungstrasse zweier Bidding Areas belegt ist.

Total Transfer Flows (TTF): Maximal mögliche physikalische Übertragungskapazität der Verbindungstrasse zweier Bidding Areas.

Als ΔF_{max} ist die maximale physische Übertragungsleistung, die durch die Übertragung von ΔE_{max} innerhalb des zulässigen Betriebs auf dem Interkonnektor hervorgerufen wird, definiert.

3.1.4 Berechnung der Übertragungskapazitäten

Zur Berechnung der ATC werden die NTF von den NTC subtrahiert und man erhält:

$$ATC = NTC - NTF$$

Die verfügbare Übertragungskapazität entspricht der Nettoübertragungskapazität abzüglich der bereits allokierte Kapazitäten. Ebenfalls aufgelöst nach NTC:

$$NTC = ATC + NTF = TTC - TRM$$

Äquivalent dazu:

$$TTC = ATC + NTF + TRM$$

Und:

$$NTF = TTC - ATC - TRM$$

Für den Total Transmission Flow (TTF) gilt:

$$TTF = NTF + \Delta F_{max}$$

Aber auch:

$$TTF = TTC - ATC - TRM + \Delta F_{max}$$

Es liegt also Ungleichheit von TTF und TTC vor. TTF hat keine konstante Beziehung zu TTC, da TRM und insbesondere ΔF_{max} nicht fix sind.[14] Diese Ungleichheit führt zu Problemen, deren Diskussion Schwerpunkt der nächsten Abschnitte ist.

Nach den Kirchhoff'schen Gesetzen findet Ladungstransport auf dem Weg des geringsten Widerstandes statt. Das bedeutet für komplexe Netzwerke, z.B. das europäische Stromnetz, dass allgemein die Leistungsübertragung zwischen zwei Preiszonen nicht nur über das bilaterale Netz übertragen wird und nicht ausschließlich auf dem geographisch kürzesten Weg stattfindet. Außerdem werden auf Parallelleitern weiter Stromflüsse induziert.

Diese werden in ATC-/NTC Netzmodellierung nur durch Simulation von Szenarien der NTC-Änderung angrenzender Bidding Areas bemessen und können deshalb in dem Modell nicht exakt vorhergesagt werden.

3.2 Sicherheitsmechanismen bei NTC/ATC

Die Bedingung für ein robustes, zuverlässiges und leistungsfähiges Stromnetz sind adäquate Sicherheitsmechanismen und ein effizientes Engpassmanagement. Es wird dadurch widerstandsfähig gegen volatile Netzlasten.

Die netzabhängigen Sicherheitskapazitäten sind maßgeblich für die Höhe der ATC zur Allokation von grenzüberschreitenden Übertragungskapazitäten. In der ATC-Netzmodellierung ist die Berechnung der Übertragungskapazitäten elementarer Bestandteil der Sicherheitsmechanismen.

Die N-1 Regel findet hier Anwendung. Sie besagt, „ dass der Ausfall eines Netzelementes (Leitung, Transformator) von den verbleibenden Elementen des elektrischen Systems kompensiert werden muss, so dass die Grenzwerte für Spannung und Frequenz, aber auch die thermischen Grenzen einer Leitung zu jedem Zeitpunkt innerhalb des UCTE-Netzes eingehalten werden.

---

[14] Siehe auch: ETSO-E: Definitions of Transfer Capacities in liberalised Electricity Markets, 2001

der Ausfall eines Netzelementes (Leitung, Transformator) von den verbleibenden Elementen des elektrischen Systems kompensiert werden muss, so dass die Grenzwerte für Spannung und Frequenz, aber auch die thermischen Grenzen einer Leitung zu jedem Zeitpunkt innerhalb des UCTE-Netzes eingehalten werden."(Dieckmann, 2008:57).

Kommt es dennoch zu Netzengpässen, kann auch ein *Redispatching* durchgeführt werden, das den Eingriff in das Ordersystem oder Steuerungsmaßnahmen zur Neuvergabe von Erzeugungs- und Übertragungskapazitäten durch TSO bedeuten kann.

Darüber hinaus findet zur Engpassbeseitigung *Countertrading* statt. Hierbei agieren die TSO entgegen der intendierten Handelsrichtung präventiv oder kurativ, um einem Netzengpass vorzubeugen. Angepasst an die Leistungsfähigkeit von verschiedenen grenzüberschreitenden Übertragungssystemen, kommen entsprechende Auktionssysteme für das Engpassmanagement zum Einsatz.

Auf nationaler Ebene sehen Konzepte vor, dass Netzengpässen durch den bedarfsgerechten Ausbau der Erneuerbaren Energien und die abnehmernahe Energieerzeugung vorgebeugt wird.

Im Allgemeinen gilt: Je ungenauer die Vorhersagen, desto größer sind die Sicherheitskapazitäten, die in der TRM veranschlagt werden müssen. Das führt zu hohen Sicherheitsreserven in Stromnetzen aufgrund der unzureichenden Modellierung von Parallellastflüssen und in der Folge zu volkswirtschaftlicher Ineffizienz.

4 „Flow-Based" Market Coupling

4.1 Kapazitätsberechnung

Die physikalischen Lastflüsse, die aus dem Stromhandel auf den grenzüberschreitenden Verbindungselementen des Stromnetzes entstehen, werden durch die lastflussbasierte Netzmodellierung berechnet.

Jeder TSO im Marktkopplungsgebiet erstellt für seinen Netzverbund eine Two-Day Congestion Forecast (D2CF). Aus der D2CF ergeben sich die freien Kapazitäten auf den Interkonnektoren, die für die Marktkopplung zur Verfügung stehen. Die Daten über die prognostizierte Netzauslastung übergeben die TSO dem PCR-Algorithmus.

Die D2CF aller TSO werden zu einem Common Grid Model (CGM) zusammengeführt. Dieses CGM modelliert die Netzwerke der TSO im Gesamtverbund (siehe Abb. 11).

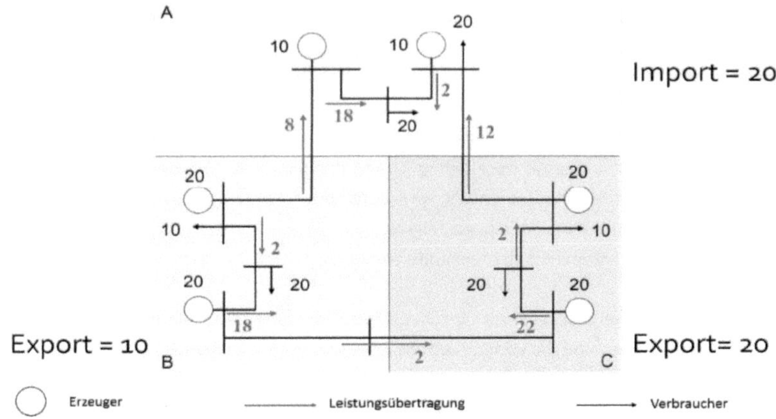

Abbildung 11 Common Grid Model mit drei Bidding Zones im Basecase

Das Beispiel eines CGM in Abb. 11 enthält drei Teilnetze, die durch Interkonnektoren verbunden sind. Die Größen der Nettoimporte und –exporte sind angegeben. Man spricht auch von *Net Positions (nex)*. In einem isolierten Markt addieren sich die Net Positions aller Teilnetze zu null, da Importe positiv und Exporte negativ in die Bilanzierung eingehen. Für die Interkonnektoren existieren spezifische Kapazitätsgrenzen. Befindet sich jede Leitung innerhalb der spezifizierten Systemgrenzen für die Leistungsübertragung, ist Netzstabilität gewährleistet. Solche Interkonnektoren, die in Situationen abweichend vom Basecase an ihre Systemgrenzen stoßen, werden als Critical Branch (CB) bezeichnet.[15]

Die Variierung des Basecase führt allgemein zu einer Änderung der Net Positions und damit zu einer Laständerung, die an den Interkonnektoren anliegt. Interkonnektoren, die in Folge der Basecaseänderung ihre zulässige Übertragungsleistung überschreiten, sind als CB bestimmt.

---

[15] Vgl. Dufour, A. Capacity-allocation using flow-based method, 2007

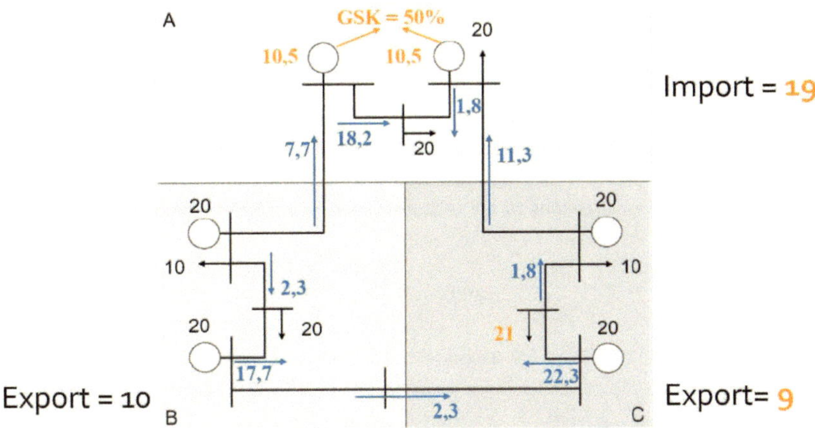

Abbildung 12 Common Grid Model nach einer Basecaseänderung

In Abbildung 12 ist eine Verbrauchsänderung in Teilnetz C ursächlich für die Basecaseänderung. Die Verbrauchserhöhung um eine Einheit wird hier durch einen Anstieg der Erzeugungsleistung im Teilnetz A kompensiert. Dieser ist der Referenzknoten. Die Leistungsübertragung aller Interkonnektoren ändert sich in diesem Fall.

Hätte der Interkonnektor, der die Teilnetze B und C verbindet, eine maximale Übertragungsleistung von

$$F_{BCmax} = 2,$$

würde nach der Basecaseänderung dieser Interkonnektor wegen

$$F_{BC} = 2,3 > 2$$

ein CB sein. Auch Leitungen die vollständig in einem Teilnetz verlaufen, können CBs sein.

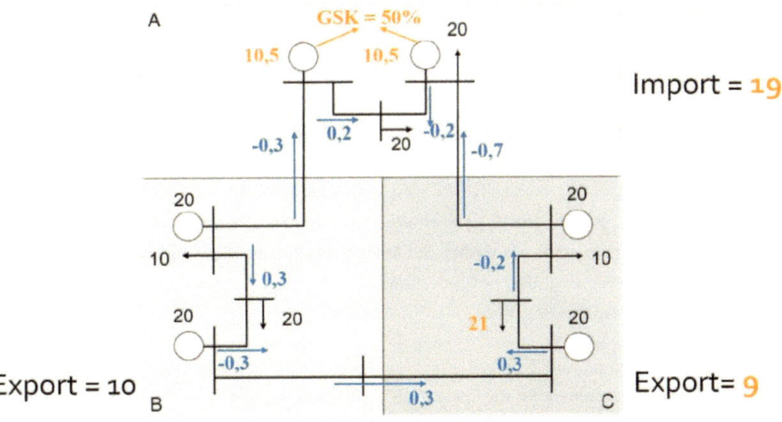

Abbildung 13 Common Grid Model mit PTDF

Die Kompensation einer Leistungsänderung, also die Verteilung des Referenzflusses im Gesamtnetz, wird durch den Generation Shift Key (GSK) beschrieben (Dufour, 2007:34). Jedes Netzelement hat einen GSK in Abhängigkeit von der Netzsituation. Über die GSK werden auch die Änderungen der Net Positions kalkuliert.

Ein Power Transmission Distribution Factor (PTDF) gibt die induzierte Lastflussänderung der Interkonnektoren als Resultat der Basecaseänderung an (Kurzidem: 2010:22). Er setzt die Lastflussänderung auf einer Leitung zu der Leistungsänderung am Referenzknoten ins Verhältnis. Also gilt:

$$PTDF = \frac{\Delta F_i}{\Delta F_{ref}}$$

Die Berechnung der PTDF erfolgt bei Basecaseänderungen an jedem Referenzknoten i und für Kapazitätsänderungen infolge von Übertragungsallokation für alle CB.

Für jeden CB wird eine Flow Reliability Margin (FRM) ermittelt. Sie beinhaltet, ähnlich der Transmission Reliability Margin zur Berechnung der ATC, eine Sicherheitsreserve, um zu verhindern, dass fehlerhafte Vorhersagen, wie die unvorhergesehene Änderung der Net Positions oder andere Annahmen welche für die Lastflussprognose gemacht werden, die Netzstabilität verhindern.[16]

Um die Remaining Available Margin (RAM), die verfügbaren Kapazität des CB für das FMC, zu erhalten, müssen von dem maximalen Lastfluss F_{max} der Referenzfluss des Basecase F_{ref}, die *FRM*, sowie der Final Adjustment Value (FAV) abgezogen werden. Der FAV kann positive oder negative Werte annehmen und dient der Steuerung der RAM aufgrund operativer Erfordernisse.[17]

Demzufolge ergibt sich die verbleibende Übertragungskapazität eines CB als:

$$RAM = F_{max} - F_{ref} - FRM - FAV$$

4.2 Kapazitätsallokation

Neben grenzüberschreitenden Kontrakten in Day-Ahead Auktionen können CBTC auch von Übertragungen aus langfristigen Verträgen belegt werden. Diese Long-Term Allocated Capacities (LTA)
schränken die verfügbaren CBTC für den Day-Ahead- und Intraday-Handel entsprechend ein.
Es gilt für eine erreichbare Allokation:

$$\forall i\; PTDFi * F_{ref_i} \leq RAMi$$

In dieser Allokation sind bereits alle F_{LTA} enthalten. Anschließend werden alle Restriktionen zu einem Modell fusioniert, in dem die RAMs der Interkonnektoren die möglichen Net Positions begrenzen. Nach der Löschung der redundanten Restriktionen ist eine mögliche Flow-Based Capacity Domain gefunden.[18]

---

[16] Vgl. Public consultation document for the final design and implementation of the CWE Flow-Based Market Coupling S. 15 ff., 2013

[17] Für weiterführende Informationen zur FAV vgl. Public consultation document for the final design and implementation of the CWE Flow-Based Market Coupling S. 8, 2013

[18] Auch Security of Supply domain.

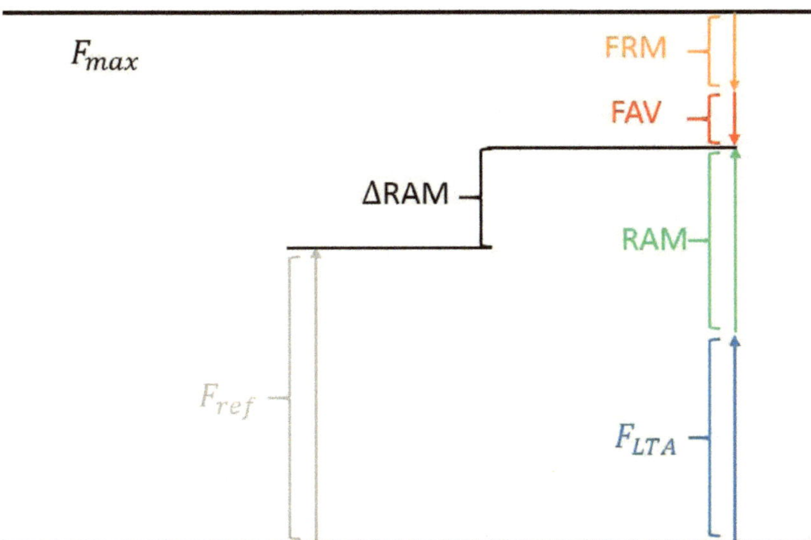

Abbildung 14 Bestimmung der Lastflusskapazität und der RAM

Innerhalb der Flow-Based Capacity Domain wird nach Kriterien der Wohlfahrtsmaximierung die bestmögliche Allokation ausgewählt. [19][20] Präventive und kurative Netzeingriffe werden unter dem Begriff Remedial Actions zusammengefasst.

4.3 Hybrid Coupling

Es wird von Hybrid Coupling gesprochen, wenn Kapazitätsallokationen in einer Bidding Zone sowohl durch FMC, als durch die Berechnung von ATC erfolgen. Dies kann dann notwendig sein, wenn die TSO angrenzender Teilmärkte ihre Übertragungsnetze und Interkonnektoren durch die Kalkulation von ATC/NTC allokieren. Eine weitere Möglichkeit für den Einsatz von Hybrid Coupling ist die Zeit, in der das FMC einer Bidding Area sukzessive implementiert wird.

Beim Hybrid Coupling ist es möglich, dass ein Teilmarkt in FB- und ATC-basierte Zonen unterteilt wird. Es wird zwischen zwei Methoden unterschieden.

Die Kapazitäten des CB werden in der Modellierung durch die „einfache" Methode auf ATC- und FB basierte Kontrakte nach festen Proportionen aufgeteilt. Im Unterschied dazu werden die kritischen Kapazitäten in der Anwendung von „weiterentwickelten" Methoden flexibel unter Optimierung der Wohlfahrt dem jeweiligen Kontrakt vergeben.

---

[19] Vgl. Report FBMC Final Consultation, CWE_presentation_at_NWE_Forum_final, 2011
[20] Siehe Kapitel 2.3

4.4 Sicherheitsmechanismen Flow-Based Market Coupling

Die Sicherheitsmechanismen des Engpassmanagements im FMC basieren auf dem Prinzip des Critical Branch Critical Outage (CBCO). Danach wird festgelegt, in welchem Umfang die CB den Ausfall von Netzkomponenten störungsfrei tolerieren können müssen. Es existieren Mindestkriterien für CBCO in CWE. Darüber hinaus legen die TSO eigene CBCO entsprechend ihren Sicherheitsrichtlinien und ihren operative Anforderungen fest. Die Critcial Outages werden für verschiedene Situationen bestimmt.[21] Innerhalb der der Restriktionen aller CBCO befindet sich die Security of Supply Domain.[22] Net Positions in diesem Bereich werden akzeptiert.

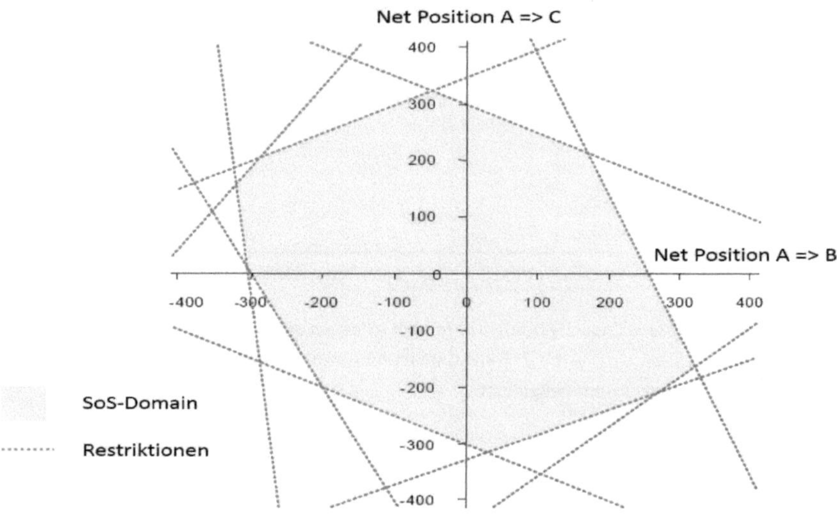

Abbildung 15 Beispiel einer Security of Supply Domain

---

[21] Siehe Kapitel 3.2.
[22] Vgl. CASC: CWE Enhanced Flow-Based MC feasibility report, 2011

5 Wohlfahrtsvergleich und Architekturunterschiede

5.1 Preiskonvergenz

Das Ziel einer Marktkopplung ist die Preiskonvergenz. Es soll einen Marktpreis für alle gekoppelten Gebiete geben. Es liegt in der Natur der Preisbildungsgesetze und der beschränkten Transport- und Speicherfähigkeit des elektrischen Stroms, dass *„volle Preiskonvergenz"*, also ein Marktpreis, nur erreicht werden kann, wenn standardisierter transparenter Handel und ausreichende Übertragungskapazitäten garantiert sind. Man unterscheidet von der vollen Preiskonvergenz die *„partielle Preiskonvergenz"*. Partielle Preiskonvergenz liegt vor, wenn es zu mindestens einer Preisangleichung zweier Bidding Areas gekommen ist und weiterhin mehrere Marktpreise gegeben sind. Abbildung 16 gibt die

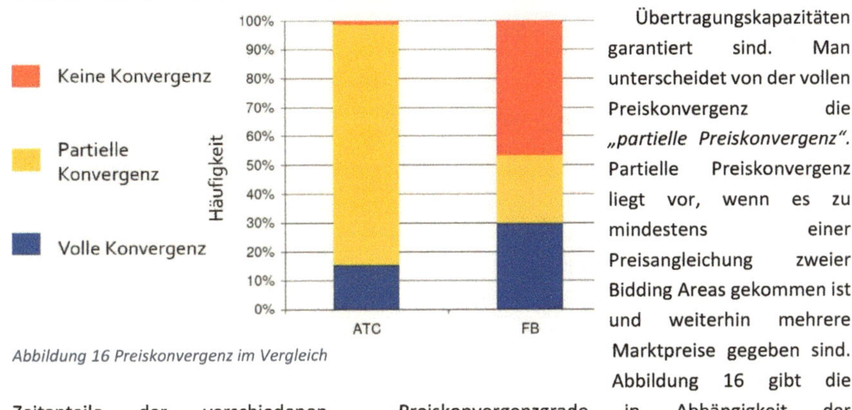

Abbildung 16 Preiskonvergenz im Vergleich

Zeitanteile der verschiedenen Preiskonvergenzgrade in Abhängigkeit der Marktkopplungsarchitektur an. Es ist auffällig, dass, wie erwartet, der Zeitanteil mit voller Preiskonvergenz für das FMC höher liegt als für das ATCMC. Umgekehrt hat das ATCMC einen höheren Zeitanteil mit partieller Preiskonvergenz.[23] Zunächst werden bei der Allokation im ATCMC die bilateralen CBTC adressiert. Deshalb kommt es hier schneller zu der Bildung eines Preises für zwei oder mehrere Teilmärkte, was wir als partielle Preiskonvergenz bezeichnen. In einer ähnlichen flow-based modellierten Situation würden sich die Teilmarktpreise u.U. nur annähern, wenn dies volkswirtschaftlich optimaler wäre.

5.2 Wohlfahrtsvergleich

In einem Simulationsprozess hat die Energiebehörde CASC anhand der Strommarktdaten von Januar 2013 bis Februar 2014 verschiedene Marktkopplungsarchitekturen zur Weiterentwicklung der Strommarktkopplung in CWE untersucht. Die Performanceanalyse diente zur Bewertung der unterschiedlichen Modellierungsansätze im Hinblick auf die Ausgestaltung des FMC. Dabei wurden die Wohlfahrtsveränderungen des ATCMC mit denen des FMC verglichen. Zusätzlich enthält die Simulation Daten über die Wohlfahrtsveränderungen, die bei unbeschränkten CBCO gegenüber dem FMC generiert würden. Die jeweiligen dritten Spalten in Abbildung 17 geben deshalb die Wohlfahrtsverbesserungen an, die im Vergleich zur ATCMC in einen europäischen IEM entstünden. Aus dem Diagramm geht hervor, dass in CWE das FMC im Simulationszeitraum des Jahres 2013 eine

---

[23] Weitere Untersuchungen zur Preiskonvergenz sind in CASC: Documentation of the CWE FB MC solution as basis for the formal approval-request (Brussels, 9th May 2014) Annex 16.11 Domain Reduction Study zu finden.

signifikant positive Wohlfahrtsveränderung erzeugt hat.[24] Die nationalen Wohlfahrtsgewinne sind nicht proportional zum Stromverbrauch. Von der stärkeren Marktkopplung profitieren die Niederlande überverhältnismäßig stark.[25] Außerdem verringern sich bei stärkerer Preiskonvergenz die Engpasserlöse.[26]

Es müssen folglich andere Korrelationen beispielsweise zum Volumen des grenzüberschreitenden Stromhandels, der Netztopografie oder anderen nationalen Faktoren existieren. Offensichtlich ist der Betrag des Wohlfahrtsgewinns durch weitere vollständige Marktintegration, auch im nationalen Vergleich, größer als das FMC neu schaffen werden wird. Der European Electricity Index (ELIX) errechnet schon heute aktuelle Strompreise für den IEM, sodass das Preisniveau bereits abzusehen ist.

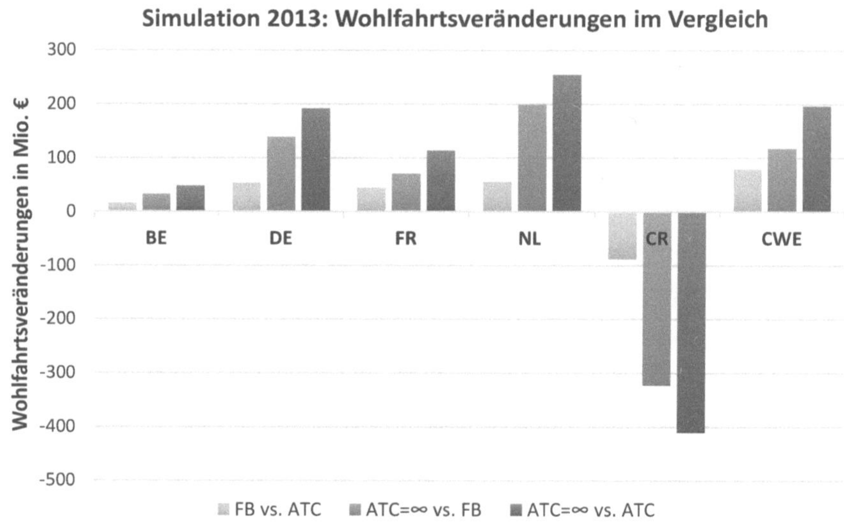

Abbildung 17 Wohlfahrtsergebnisse Simulation 2013

---

[24] CASC: Daily breakdown of social welfare figures for the weekly parallel run, 2014
[25] Die Proportionalen Wohlfahrtsgewinne und weitere Daten der Wohlfahrtsuntersuchungen können im Anhang eingesehen werden.
[26] Siehe Kapitel 1.3

6 Fazit

Der Vergleich von FMC und ATCMC hat ergeben, dass sich das FMC im europäischen Kontext besser für das Price Coupling of Regions eignet. Es ist ein robustes Engpassmanagementsystem, in dem die realitätsnahe Modellierung der grenzüberschreitenden Übertragungskapazitäten zu höheren volkswirtschaftlichen Wohlfahrtsgewinnen im gesamten Marktkopplungsgebiet führen, ohne die Stabilität der Stromnetze negativ zu beeinträchtigen. Unbenommen dessen sollte weiterhin die Infrastruktur für das Hybrid Coupling vorgehalten werden, da die angrenzenden Strommärkte keine lastflussbasierte Modellierung anwenden. Es bleibt abzuwarten, ob die Simulationsergebnisse zum Vergleich der Methoden zur Strommarktkopplung ohne Einschränkungen auf die Realität derart zutreffen, dass die Verkäuferseite vom PCR aufgrund gestiegener Produzentenrenten profitiert und Konsumentenrenten tatsächlich sinken. Die Marktakteure werden die Veränderungen des FMC antizipieren. Die Folgen sind bisher nicht untersucht.

In jedem Fall ist der Ausbau von weiteren grenzüberschreitenden Übertragungskapazitäten unerlässlich, um das Ziel eines europäischen Strombinnenmarktes zu erreichen. Weitere Studien zur Wirtschaftlichkeit des Netzausbaus sind notwendig. Beobachtungen der Preisdifferenzentwicklung gäben genaueren Aufschluss über die erzielte Preiskonvergenz und über die Prioritäten des Netzausbaus.

Ebenso ist von Interesse, welche Korrelationen bei der Entstehung und Verteilung der nationalen Wohlfahrtsgewinne dominant sind. Dadurch könnten Investitionskosten angemessen auf die Projektpartner verteilt und die Infrastrukturfinanzierung des IEM gesichert werden. Jüngste Börsenfusionen haben gezeigt, dass die Strombörsen die europäische Marktkopplung unterstützen und ihrerseits entsprechende Vorkehrungen treffen.

Beide untersuchte Methoden zur Strommarktkopplung können nur als regionale Initiativen auf dem Weg zu einem europäischen Strommarkt gesehen werden. Das Flow-Based Market Coupling ist für dessen Modellierung prädestiniert.

Quellenverzeichnis und weiterführende Literatur

Aguado, M.; et al. (2012): *Flow-based market coupling in the Central Western European region – on the eve of implementation,* http://www.cigre.org/content/download/17044/680596/version/1/file/C5_204_2012.pdf, zuletzt geprüft am 7. August 2015

APX, BELPEX, Powernext (2006): *Trilateral Market Coupling Algorithm,* https://www.epexspot.com/document/3828/061025_TLC-Algorithm.pdf, zuletzt geprüft am 7. August 2015

Atayi, A.; Hoeksma, J.; Schavemaker, P. (2013): *Workshop Session 1: Theoretical understanding of flow-based method, intuitiveness, hybrid coupling,* https://www.apxgroup.com/wp-content/uploads/CWE_Flow_Based_Market_Forum_WS1.pdf, zuletzt geprüft am 7. August 2015

Autran, L. (2012): *Convergence of day-ahead and future prices in the context of European power market coupling: Historical analysis of spot and future electricity prices in Germany, France, Netherlands and Belgium,* KTH Electrical Engineering Stockholm

Böttcher, E. (2011): *Ein großer Schritt auf dem Weg zum integrierten europäischen Strommarkt,* In: e|m|w Zeitschrift für Energie, Markt, Wettbewerb; Ausgabe 1/2011

CASC (2014): *Documentation of the CWE FB MC solution as basis for the formal approval-request: Annex 16.11 Domain Reduction Study,* http://www.casc.eu/media/pdf/FB/Annex%2016_11%20Domain%20Reduction%20Study.pdf, zuletzt geprüft am 7. August 2015

CASC (2014): *Adequacy Study CWE,* http://www.casc.eu/media/Adequacy_study_report_CWE.pdf, zuletzt geprüft am 7. August 2015

CASC (2014): *Daily breakdown of social welfare figures for the weekly parallel run,* http://www.casc.eu/en/Resource-center/CWE-Flow-Based-MC/Parallel-Run-Results, zuletzt geprüft am 7. August 2015

CASC (2013): *Social Welfare Report 01-12 / 2013,* http://www.casc.eu/media/CWE%20FB%20Publications/Social%20Welfare%20Report_01-12%202013.pdf, zuletzt geprüft am 7. August 2015

CASC (2014): *CWE MC external parallel run report,* http://www.casc.eu/media/CWE%20FB%20Publications/AggregateWeeklyResults_2013.pdf, zuletzt geprüft am 7. August 2015

COSMOS Developement Group (2011): *COSMOS description: CWE Market Coupling algorithm,* http://www.apxgroup.com/wp-content/uploads/COSMOS_public_description2.pdf, zuletzt geprüft am 7. August 2015

Den Ouden, B.; Verseille, J. (2013): *Status on implementation of CWE FB MC project and coordinatio with other coupling projects,* CWE FB MC Market Forum, 7. März 2013, Düsseldorf

Dieckmann, B. (2008): *Engpassmanagement im europäischen Strommarkt*, WWU Münster

Dorsman, A. (2011): *Financial Aspects in Energy: A European Perspectivel*, Springer Verlag

Dufour, A. (2007): *Capacity allocation using the flow-based method*, KTH Electrical Engineering, Stockholm

Elia System Operator (2013): *Public consultation document for the final design and implementation of the CWE Flow-Based Market Coupling*, http://www.elia.be/~/media/files/Elia/Projects/Flow-based%20market%20coupling%20in%20Central%20West%20Europe/130502-CWE-FB-MC-Consultation-Document.pdf, zuletzt geprüft am 7. August 2015

EPEX Spot (2013): *EUPHEMIA Public Description: PCR Market Coupling Algorithm*, https://www.epexspot.com/document/27917/Euphemia%3A%20Public%20description%20-%20Nov%202013, zuletzt geprüft am 7. August 2015

ETSO-E (2007): *Regional Flow-based allocations: State-of-play* https://www.entsoe.eu/fileadmin/user_upload/_library/ntc/archive/ETSO%20_flow-based%20allocation_final12Mar2007.pdf, zuletzt geprüft am 7. August 2015

ETSO-E (2001): *Definitions of Transfer Capacities in liberalised Electricity Markets*, https://www.entsoe.eu/fileadmin/user_upload/_library/ntc/entsoe_transferCapacityDefinitions. pdf, zuletzt geprüft am 7. August 2015

ETSO-E (2000): *Net Transfer Capacities (NTC) and Available Transfer Capacities (ATC) in the Internal Market of Electricity in Europe (IEM)*, https://www.entsoe.eu/fileadmin/user_upload/_library/ntc/entsoe_NTCusersInformation.pdf, zuletzt geprüft am 7. August 2015

Genesi, C.;Marannino, P.; Montagne, M.; Rossi, S.; Siviero, I. (2008): *Cross Border Transmission Capacity Allocation by Multilateral Market Coupling*, The 14th IEEE Mediterranean Elektrotechnical Conference, Ajaccio

Hagspiel, S.; Jägermann, C.; Lindenberger, D.; Brown, T.; Cherevatskiy, S.; Tröster, E. (2013): *Cost-optimal power system extension under flow-based market coupling*, In: Energy Nr. 66 (2014), S. 654-666

Hansen, F. (2007): *Stromhandel und Engpassmanagement – Eine nicht nur europäische Perspektive*, Kolloquium Europäische Energiewirtschaft am 18. Juni 2007

Jullien, C.; Pignon, V.; Robin, S.; Staropoli, C. (2011): *Coordinating cross-border congestion management through auctions: An experimental approach to European solutions*, Groupe d'Analyse et de Théorie Économique Lyon-St Étienne,

Kurzidem, M. (2010): *Analysis of Flow-based Market Coupling in Oligopolistic Power Markets*, TH Zürich

Madani, M.; Van Vyve, M. (2013): *A new formulation of the European day-ahead electricity market problem and its algorithmic consequences,* http://uclouvain.be/cps/ucl/doc/core/documents/coredp2013_74web.pdf, zuletzt geprüft am 7. August 2015

Paulun, T. (2009): *Simulation der langfristigen Entwicklung des europäischen Elektrizitätsmarktes,* RWTH Aachen

Verseille, J. (2014): *Introduction CWE Projekt Partner: Project Status,* CWE FB MC Market Forum, 23. Juni 2014, Düsseldorf

Verseille, J. (2013): *Introduction CWE Projekt Partner: Consultation outcome and project status,* CWE FB MC Market Forum, 10. Oktober 2013, Brüssel

Schavemaker, P.; Beune, R. (2013): *Flow-Based Market Coupling and Bidding Zone Delimitation: Key Ingredients for an Efficient Capacity Allocation in a Zonal System,* 10th International Conference on the European Energy Market (EEM), Stockholm

Sharma, M. (2007): *Flow-based Market Coupling,* TU Delft

Anhang

Tabelle 1 Änderungen der Konsumentenrente Simulationsergebnisse 2013

FB-ATC	BE	DE	FR	NL
Absolut	15.390.978 €	52.837.398 €	43.751.727 €	54.954.839 €
Relativ	9,2%	31,7%	26,2%	32,9%

Tabelle 2 Vergleich der simulierten nationalen Wohlfahrtsgewinne im Jahr 2013 FMC vs. ATCMC

INF-FB	BE	DE	FR	NL
Absolut	32.113.727 €	138.686.033 €	70.041.242 €	199.073.845 €
Relativ	7,3%	31,5%	15,9%	45,3%

Tabelle 3 Vergleich der simulierten Änderungen der Konsumentenrenten

	BE	DE	FR	NL
FB-ATC	34.106.023,93 €	-272.862.348,90 €	64.530.910,67 €	87.000.623,73 €
FB-FBI	1.201.604,37 €	-5.483.780,70 €	2.892.925,90 €	593.541,70 €
FBI-ATC	32.904.419,56 €	-267.378.568,21 €	61.637.984,76 €	86.407.082,03 €
INF-ATC	77.488.515,92 €	-796.093.463,78 €	114.809.177,28 €	406.932.305,48 €
INF-FB	43.382.491,99 €	-523.231.114,88 €	50.278.266,61 €	319.931.681,76 €
INF-FBI	44.584.096,36 €	-528.714.895,58 €	53.171.192,51 €	320.525.223,45 €

Tabelle 4 Vergleich der simulierten Änderungen der Produzentenrenten

	BE	DE	FR	NL
FB-ATC	-18.715.045,75 €	325.699.747,22 €	-20.779.183,73 €	-32.045.784,45 €
FB-FBI	-802.407,89 €	6.668.444,92 €	-1.230.522,88 €	-84.370,37 €
FBI-ATC	-17.912.637,86 €	319.031.302,30 €	-19.548.660,85 €	-31.961.414,08 €
INF-ATC	-29.983.810,44 €	987.616.895,47 €	-1.016.208,78 €	-152.903.621,02 €
INF-FB	-11.268.764,70 €	661.917.148,26 €	19.762.974,95 €	-120.857.836,57 €
INF-FBI	-12.071.172,58 €	668.585.593,17 €	18.532.452,07 €	-120.942.206,94 €

	CR	Konsumentenrente	Produzentenrente	Wohlfahrtsänderung
FB-ATC	-87.932.440,82 €	-87.224.790,58 €	254.159.733,28 €	79.002.502
FB-FBI	-2.239.473,22 €	-795.708,73 €	4.551.143,77 €	1.515.962
FBI-ATC	-85.692.967,60 €	-86.429.081,86 €	249.608.589,51 €	77.486.540
INF-ATC	-410.224.065,63 €	-196.863.465,11 €	803.713.255,23 €	196.625.724
INF-FB	-322.291.624,81 €	-109.638.674,53 €	549.553.521,95 €	117.623.223
INF-FBI	-324.531.098,03 €	-110.434.383,25 €	554.104.665,72 €	119.139.184